高等院校环境艺术设计辅助教材

U0862000

手绘

Drawing Teaching Class

教学课堂

建筑速写

彭军 主编
王强
侯熠 副主编

天津大学出版社
TIANJIN UNIVERSITY PRESS

图书在版编目（CIP）数据

建筑速写 / 彭军主编.—天津：天津大学出版社，2010.8
ISBN 978-7-5618-3634-7 （2017.7重印）

Ⅰ.①建… Ⅱ.①彭… Ⅲ.①建筑艺术-速写-作品集-中国-现代 Ⅳ.①TU-881.2

中国版本图书馆CIP数据核字（2010）第149139号

出版发行：天津大学出版社
地址：天津市卫津路92号天津大学内
电话：发行部 022-27403647
编辑部 022-27406416
邮编：300072
印刷：北京信彩瑞禾印刷厂
经销：全国各地新华书店
开本：210㎜×285㎜
印张：10
字数：192千字
版次：2010年8月第1版
印次：2017年7月第6次
定价：45.00元

序言

建筑速写是艺术院校环境艺术设计专业的一门基础课程。通过对建筑与环境的快速描绘，我们可以更好地了解其设计精髓、形态特点，其构造样式、材料色彩等诸多内容，都可以在速写的绘画过程中得到充分的认识。

速写还是从事建筑设计和环境艺术设计必需的一项专业技能，通过速写可以有效地培养徒手绘制设计方案图的能力。一挥而就的设计意向图是设计师的专业语言，是环境艺术创意表现与表达的重要手段，设计师的很多创意构想都是在反复推敲的设计意向图中趋于完善的。在设计初期的方案研讨交流中，它也是最好的设计传达与沟通的工具。

我们不反对借助数码相机拍摄来记录形象资料，毕竟科技的进步为我们提供了在很短的时间里获取大量专业素材的工具，但是这种快速获取方式的不足之处在于使在专业学习阶段的学生缺失了面对建筑与环境时的深入研读的过程。因此，培养准确、生动地表现客观景物的速写能力，对搜集设计素材、深入观察和解构建筑、了解景观及室内空间的结构特征，进而解读和感悟建筑、深刻理解景观与室内设计的风格特色、文化寓意是非常重要的，这无疑也是设计专业的学生必须具备的基本功之一。

近年来，天津美术学院环境艺术设计系在专业考察课程中先后对安徽、湘西、江浙水乡的民居建筑以及天津殖民地时期建造的欧式洋楼建筑进行了较为详尽的考察，一些学生还利用暑期远足国外进行专业采风。在教学中，我们强化了建筑速写，将其作为课程主要内容之一，通过这种快速写生的方式，记录和体验不同地域建筑艺术的形态特点和构建手法。同时，在这样持续的训练中，提高每个学生的徒手表现能力。

本书收录的近300幅建筑速写作品，主要是环境艺术设计系06级学生外出专业考察时完成的部分习作。尽管这些习作尚显稚嫩，但是我们可以从中感受到这些未来的设计师们那执著的精神与聪睿的灵性，而这种不断的探索、钻研、感悟与坚持的精神，正是有所发现、创新和有所作为者所应有的特质。

天津美术学院艺术设计学院 副院长
环境艺术设计系 主任
2010年6月

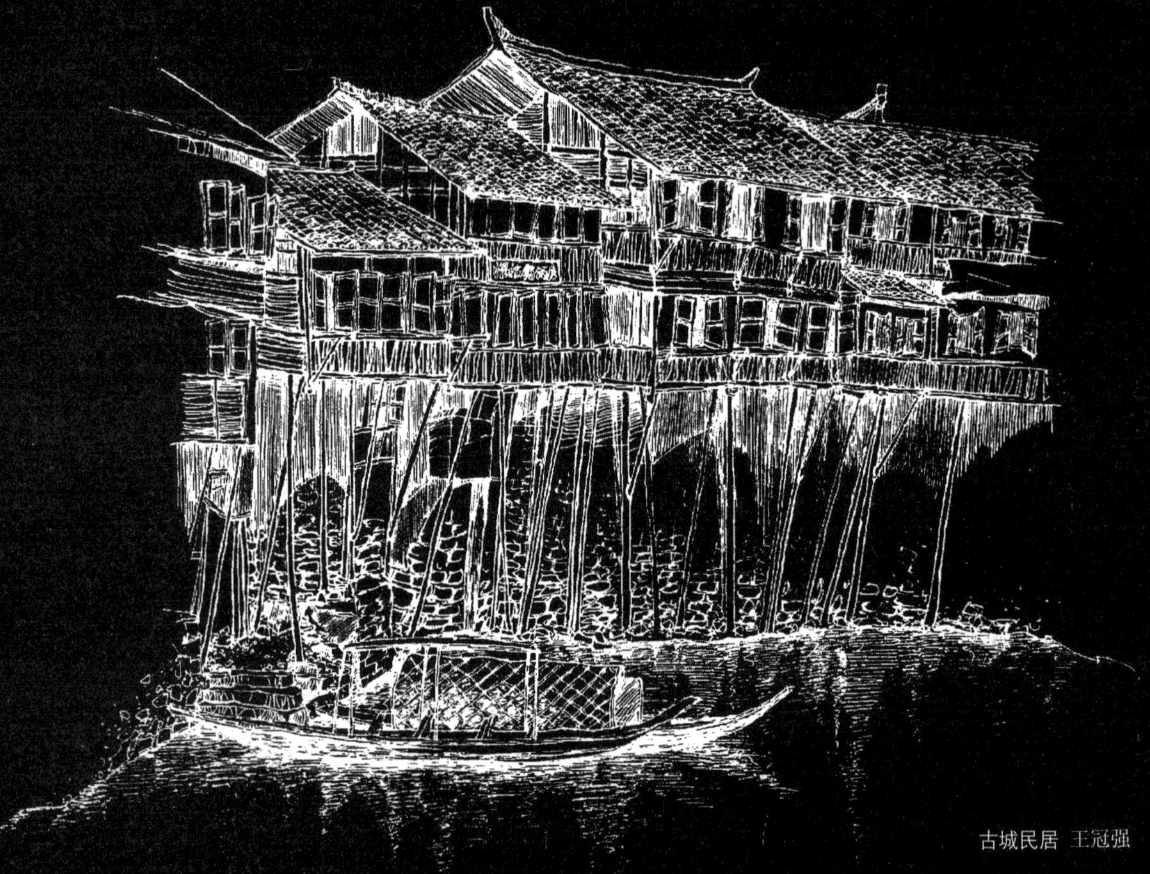

古城民居 王冠强

目录

中国传统民居

古镇传统建筑 白明川

古镇民居之一 陈天天

古镇街巷之一 陈天天

古镇民居之二 陈天天

古镇民居之三 陈天天

古镇街巷之二 李小川

古镇街巷之一 解光明

古镇街巷之二 冈安琴

古镇民居 冈安琴

古镇街巷之三 呙安琴

凤凰城民居远眺 韩精灵

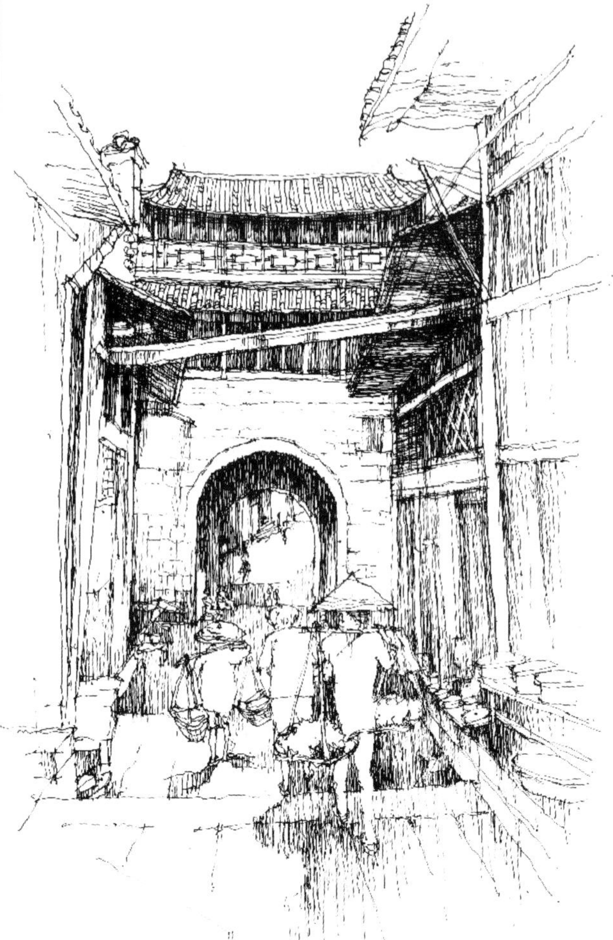

芙蓉镇街巷之一 韩精灵

芙蓉镇街巷之二 韩精灵

写生体会 韩精灵

这几幅速写作品是我们师生到湘西凤凰古城作艺术考察时本人的写生习作。此行的目的是了解和体会当地的建筑艺术，同时提高我们的速写水平。湘西凤凰城位于湖南省的西部，这里风景如画，世代生活着土家族、苗族等少数民族，浓厚的民族风情为她蒙上了神秘面纱；这里历代名人辈出，有着厚重的文化底蕴。除此之外，这里还拥有十分独特的传统建筑形制——吊脚楼。

为了留住这美好的一切，我采用建筑速写的方式记录下了当时的所见所感。这个过程不仅提高了我的手绘表现功底，还培养了我对美的敏感和真诚的向往，更让我懂得了珍惜生活。

教师点评

作品很好地表现了湘西民居的朴实厚重，将淳朴的地域风情刻画得颇为生动。画面的明暗层次丰富，用线朴素结实，对民居建筑细部构造描绘得比较准确，对建筑体量关系的把握恰到好处，画面虚实对比得当。特别是小街的石头台阶和石桥的刻画，虽用笔不多，但表现得非常厚实。

就画面构图而言，《芙蓉镇街巷之三》较为丰满，小巷尽头的建筑为成角透视，显得更加立体；而《芙蓉镇街巷之四》画面较“平”，且画面中心封火墙上相同的开窗稍感雷同，如以近景屋檐挡住右侧半扇窗户，会使画面更富活力。

芙蓉镇街巷之三 韩精灵

芙蓉镇街巷之四 韩精灵

古镇民居 余阿娜

古镇民居局部 余阿娜

凤凰城江畔 余阿娜

古城街巷之一 余阿娜

古城街巷之二 余阿娜

古镇民居之一 韩精灵

芙蓉镇街巷之五 韩精灵

古镇民居之二 韩精灵

写生体会 韩精灵

写生是一个巩固专业知识和技能很好的途径，当遇到设计上的“瓶颈”时，现实中的实例往往是最好最快的解决途径，我想这也就是我们进行写生训练的意义所在。在此次湘西之行中，我着实体会到：写生不仅能锻炼我们的手头表达能力，同时也能使我们通过画笔的记录，将具体的印象记忆在脑海中，以形成自己对建筑形态、色彩、构造的独特理解。通过这样的写生训练，我们的专业素质得到了极大的提高。

除此之外，凤凰城如画如梦的自然美景、结构精巧的吊脚楼、狭窄绵长的街区小巷，着实令我心旷神怡，专业修养也在不知不觉中得到了升华。

我们在小小的凤凰城只呆了不到一星期，但仍从沱江的波光涟漪中尽情地吸取了灵气。现在，就借这一张张速写作品来记录我心中的凤凰城，让它们成为永恒的影像吧。

凤凰城民居远眺 李函静

古镇石桥 丁宝林

凤凰城民居远眺 何湘宁

古镇街巷之一 贾韵灵

芙蓉镇街巷 侯淑思

古镇街巷之二 贾韵灵

古镇民居木雕装饰 解光明

古镇民居之一 黄碧青

古镇民居之二 黄春燕

古镇民居局部 黄春燕

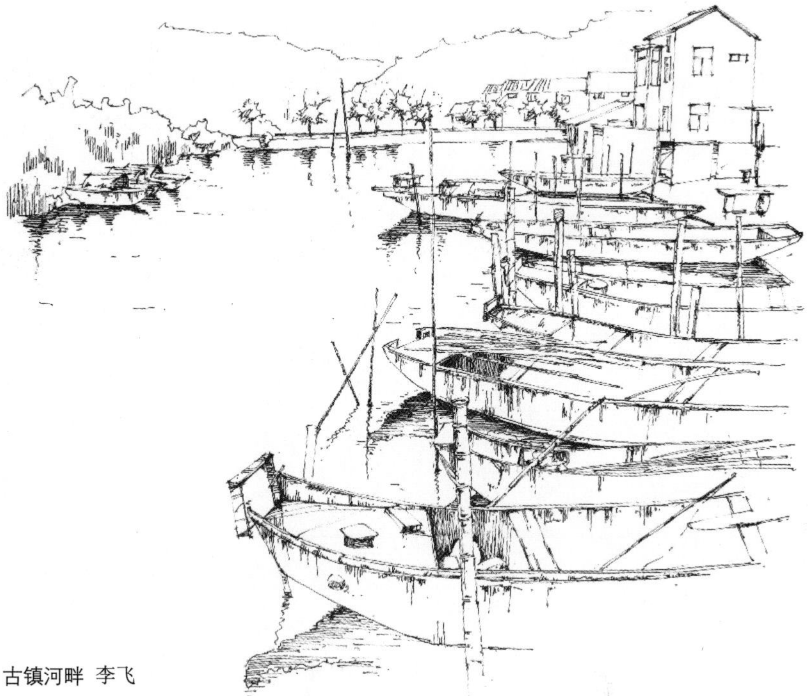
古镇河畔 李飞

古镇街巷 李飞

凤凰城民居远眺 康颖

凤凰城民居屋顶 康颖

写生体会 康颖

外出写生的日子是美好而难忘的，这期间我饱览了美丽的自然风景，领略了精湛的湘西民间手工艺，亲身感受到了向往已久的古城风韵。当然，最惬意的事儿莫过于画画了。

每天早饭后，大家收拾好自己的画具，提着小马扎在街巷里四处转悠，边观赏边寻觅合适的写生地点。每个人都是有说有笑，等找到合适的地方，大家就静静地坐下来，慢慢地欣赏，然后有感而画，一张张写生作品就在我们手中诞生了。六天下来，不仅仅是作品数量的增加，心灵也在这亦梦亦幻的美景中得到释放。

从美丽的湘西回来，一切又回到了从前，依然忙碌地上课，依然忙碌地作设计，每每想起湘西美丽的凤凰古城，还是会不由自主地开怀一笑。但是，毕竟美好的经历总难长久拥有，就让我们用这一张张倾心之作来将这份美丽封存起来吧。

教师点评

作品画面效果硬朗朴实，独具一格，版画味道浓郁，对传统民居的地域特点进行了理性的概括，表现技法娴熟，细节刻画生动，画面黑白比例处理得当。不足之处在于《古镇民居之一》的轮廓，上部丰富，下部概括，略显头重脚轻；而《古镇民居之二》的框景构图，本应特别强调所框之景，使之成为画面的“眼睛”，而作品中的景物刻画不够精彩，难以获得周围画面的支持。

古镇民居之一 康颖

古镇民居之二 康颖

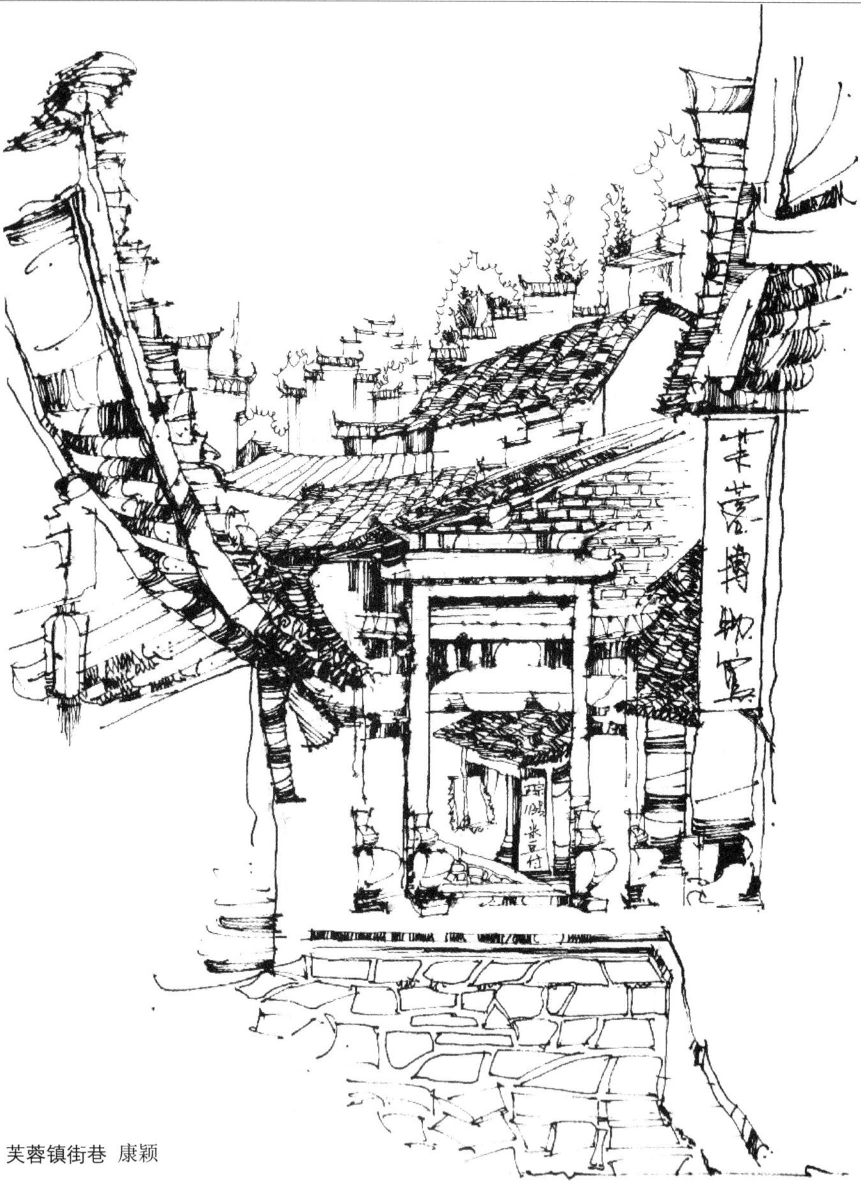

芙蓉镇街巷 康颖

古镇民居 龙云飞

古镇街巷之一 李小川

古镇街巷之二 李小川

写生体会　李嘉健

古人说，“读万卷书，行万里路”。因此，我特别珍惜每一次出行的机会，眼见、耳闻、口尝、身触，都会尽全心去体会。这次到凤凰古城就给了我一个很好的机会。

“一江烟雨一江梦，如诗如画了无穷”。在游客众多、高手层出的古城写生，不仅仅是考验我们的绘画功底，更是考验我们的承受能力和适应能力。老师每天晚上都对我们的写生作品进行评论，或肯定、或修改，除了教会我们很多实用的技巧，还引导我们不仅要提高手绘能力，更要学会做人做事，让我们多多学习别人的长处，大家取长补短，相互交流。通过这段时间认认真真的训练，到课程结束时我感觉真的有了一定的收获，徒手表现能力有了长足的进步，对于技法的掌握也有了很大的提高，确实是不枉此行!

教师点评

作品刻画的湘西民居古朴纯真，画面乡土气息浓郁。构图均衡协调，用笔刚毅有力，对湘西民居建筑特点概括得非常准确，抓住了地域建筑文化的装饰精髓。屋檐、吊脚楼的局部细节表现得也很丰富。江面水体表现概括简练，没有过多细节描绘，与建筑形成了强烈的虚实对比，突出了建筑形态的美感。

凤凰城远眺　李嘉健

古镇民居之一　李嘉健

古镇民居之二　李嘉健

凤凰城江畔之一 林丽梅

凤凰城江畔之二 林丽梅

凤凰城江畔之三 林丽梅

凤凰城江畔之四 林丽梅

凤凰城江畔之五 林丽梅

古镇街巷之一 林丽梅

古镇民居 林丽梅

写生体会 林丽梅

此次赴湘西凤凰古城写生是一次令人难忘的经历。在这里，没有城市高楼林立的拥挤，也没有闹市的繁杂与喧嚣，清澈碧绿的沱江水流淌着穿越古城，溪水与古城交相辉映，构成了一幅美丽的图画，让人充分领略凤凰城的古老风情和苗寨的朴实生活。千年的岁月带不走这座古镇如画如梦的美景，经历过历史沧桑的古镇在如今看来更显得美丽动人。

来到这美丽的地方，眼前尽是秀丽的景色，令人特别有想画写生的欲望，这几张作品就是我用疏密相间的线条勾画出古城那沧桑、幽深、质朴的印象。

凤凰城之行让我饱览了大自然秀美的景色，更让我了解了古城沧桑的历史，油然而生的眷恋至今仍难以释怀。

教师点评

作品整个画面给人一种轻松飘逸的感觉，虽然几乎没有明暗关系的刻画，但作者利用线条的疏密变化表现出了极其丰富的空间层次。画面线条流畅，富于变化，马头墙概括精练，木制回廊的刻画精细而不杂乱，对屋檐造型的特点把握得十分准确。不足是对于树木的刻画简单了些，没有针对不同层次的植物进行不同的描写，建议多积累这方面的经验，以使画面更加丰富。

古镇传统建筑之一 林丽梅

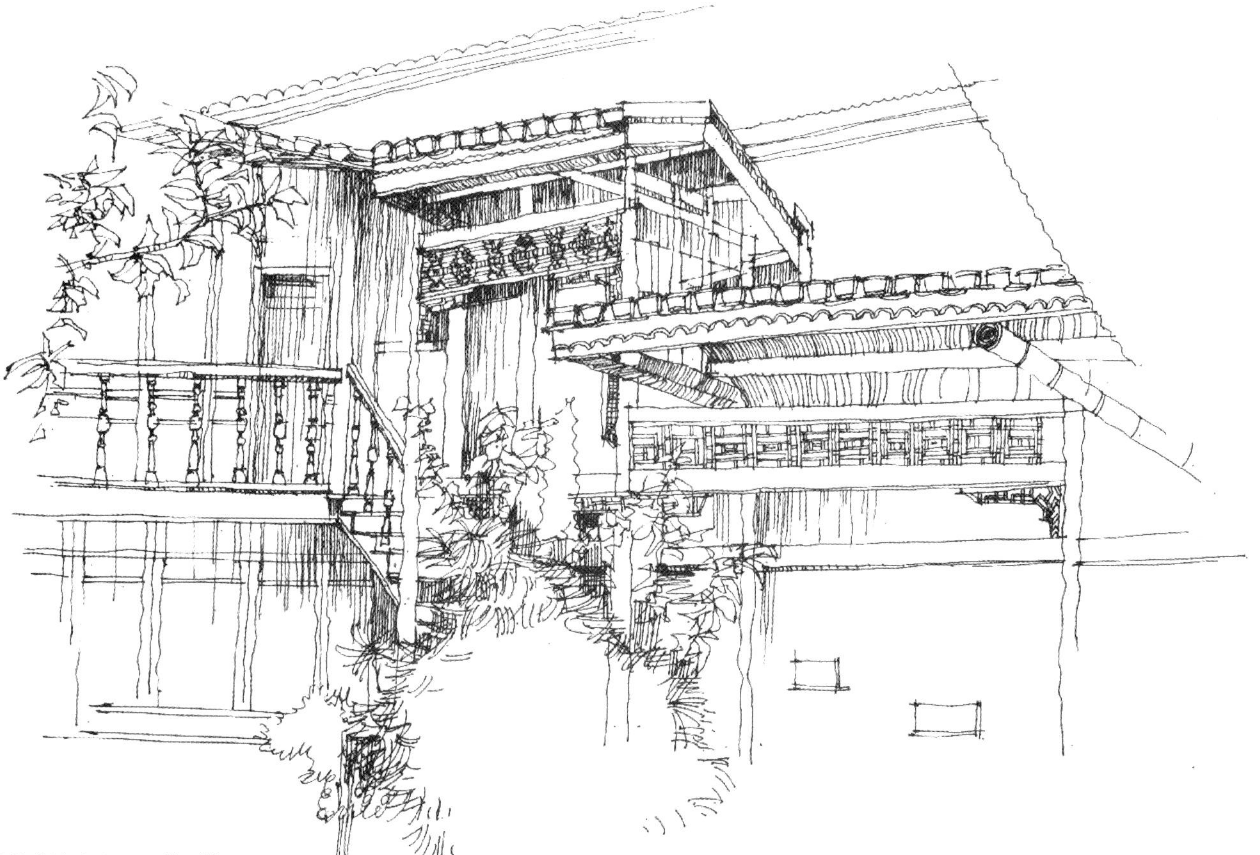

古镇传统建筑之二 林丽梅

古镇传统建筑之三 林丽梅

古镇街巷之二 林丽梅

古镇街巷之三 林丽梅

古镇传统建筑之四 林丽梅

凤凰城江畔之一 刘炳砚

苗寨民居 刘炳砚

凤凰城远眺 刘炳砚

古镇街巷 刘炳砚

古镇石桥 刘炳砚

苗寨街巷 刘炳砚

凤凰城江畔之二 刘炳砚

传统建筑屋顶 刘昊明

古镇传统建筑 刘娇

写生体会 刘涛

“水在云中荡漾，云在水中流淌，水绕四面青山，山间鸟语花香，天下美凤凰……”宋祖英曾盛情歌唱过的地方，就是我们本次写生的目的地——湘西凤凰古城。每天早上，我们的写生就开始了。凤凰城的一切都是那么新鲜，让我们不知从何开始下笔了，和以前去写生的感觉很不一样。所以每幅写生作品在绘制的过程中，都觉得意韵无穷。到了晚上，凤凰城的美更是白天所无法比拟的，火红的灯笼挂在沱江两岸的吊脚楼上，让千年的古城有了历史的沧桑和厚重感。

我是一个北方人，我用北方人特有的豪放，尽可能以准确的笔触再现传统建筑艺术的精髓。我的这批写生习作，既是我在凤凰城生活的再现，更是我对古城美景的珍藏。

古镇民居之一 刘涛

古镇民居之二 刘涛

古镇街巷之一 刘涛

古镇街巷之二 刘涛

教师点评

本幅写生作品的画面层次感较好，明暗对比关系丰富，用笔精练，线条流畅有力，细部重点部分刻画深入，绿化及背景建筑放松活跃，很好地起到了突出主题的作用，使建筑体量感表现得十分充分。画面存在的问题在于植物的处理，前景有些杂乱，花卉的画法雷同，没能将植物连成片，不能成为画面的补充和装饰性轮廓。

苗寨石桥 刘涛

凤凰城老建筑之一 刘盈含

凤凰城老建筑之二 刘盈含

凤凰城老建筑之三 刘盈含

凤凰城老建筑之四 刘盈含

古镇街巷之一 刘宇辰

古镇街巷之二 刘宇辰

凤凰城江畔之一 刘宇辰

凤凰城江畔之二 刘宇辰

写生体会 马廷超

这是我去湘西凤凰城采风的速写作品。我的体会是，对于民族风貌建筑，要在宏观把握中处理微观，注重整体大感受，不要拘泥于一草一木。

写生越熟练，越要减少直接对景描画，而多把身心投入观察，体悟自然景物的神妙。在这个过程中，“观”十分重要，通过“观”和“思”，努力感悟自然景物给予心灵的碰撞。

应特别注重特定条件下的自然山水使自己产生的强烈感触，因为这类感触往往是个人特有的体验，努力强化这个体验并表现它，就是提高速写能力的开端，也就是个人绘画风格确立的开端。

教师点评

本作品刻画了乡村民居的质朴韵味，线条独具个性，节奏感好，表达语言丰富。院门、屋檐刻画得生动，特别是门前条石小路及台阶的表现，朴实厚重。不足之处是画面的外轮廓处理，选择的线条皆是直线，特别是石阶，棱角分明但略显刻板，可加入一些植物，柔化生硬的轮廓，以使画面更加自然淳朴。

古镇民居 马廷超

凤凰古城之一 龙云飞

芙蓉镇渡船 龙云飞

凤凰城街巷之一 龙云飞

凤凰古城之二　龙云飞

凤凰城街巷之二　龙云飞

凤凰城街巷之三 龙云飞

凤凰古城之三 龙云飞

凤凰城民居 龙云飞

古镇俯瞰 宋芯遥

苗寨街巷 宋芯遥

凤凰古城之一 齐维

凤凰古城之二 齐维

凤凰城民居 齐维

古城民居局部 任奕林

凤凰城江畔 任奕林

水乡周庄 马晨

古镇街巷之一 任砚

古镇街巷之二 任砚

古镇街巷之三 任砚

凤凰城江畔 任砚

凤凰城远眺 宋鹏

古城民居之一 孙明梁

古城民居之二 孙明梁

写生体会 孙明梁

进入大学之前，我曾经接受过三年的绘画基础训练，这些基本技能的掌握对于我在大学里的学习，特别是素描、静物等课程很有帮助。

我很喜欢速写，特别是建筑速写，它的美是其他课程所不能代替的。我的这幅画是大学三年级上设计表现课时在湘西凤凰城的写生习作。这个古城很小，但其古老的风情、街巷与吊脚楼、石桥与沱江等场景至今依然清晰在心，那别致的小屋、深深的长巷、三两的行人踱步其中，无不流露着闲适和惬意，散发着质朴和宁静的气息。这就是我印象中的湘西凤凰古城。

教师点评

作品以轻松的笔调展开画面，一老一少两个人物成为画面的中心，使本来沉闷的建筑有了人情味。建筑表现以些许上仰的视角向街巷深处延伸，由近景的疏到远景的密，从线条排列上表明了空间的方向。尤其值得一提的是屋檐的表现给画面增色不少。在逆光的情况下，屋檐往往是漆黑一片的，然而该同学对于这样的问题用了两种方式进行处理：其一是远景调子融合了墙面的处理，建筑被模糊成一片；其二是近景有意罗织了椽子这一细节，并加以细致刻画，从中能够看出该同学对于画面的主观组织能力。

古城街巷 孙明梁

周庄乌蓬船 马晨

凤凰城远眺之一 唐汇辰

凤凰城远眺之二 唐汇辰

写生体会 唐汇辰

当我来到了魂牵梦绕的湘西凤凰古城，马上就被这里古朴、典雅的风土人情所感染。我用简单而轻快的线条勾勒出一个个民居建筑，在每幅画面中都重点表达了建筑与环境之间的关系。我体会到主次关系是一张画中最重要的，即对要表达的核心区域重点刻画，周围区域尽量概括，使得画面充满层次感。在我个人习惯用的马克笔技法上，核心区域要用丰富的颜色深入刻画，周围环境则用淡色概括处理。

教师点评

一幅速写作品主要依靠线的变化来刻画建筑的虚实对比关系。本幅作品的建筑形态特色表达充分，虽然没有太多明暗色块的对比处理，但并不感觉单薄轻飘。屋檐栏杆的局部描绘画龙点睛，突出了传统建筑的地域特色。吊脚楼屋檐下悬挂的红灯笼、江边洗衣的女人都较好地体现了湘西古镇的民俗文化。就人物的刻画而言，需将远近人物比例更好地统一起来。此外人物所站立的石阶表现简单，会让人误解是站在水中，需要再细致刻画一下。

古城民居 唐汇辰

古城街巷之一 唐汇辰

凤凰城江畔之一 唐汇辰

凤凰城远眺之三 唐汇辰

凤凰城江畔之二 唐汇辰

古城街巷之二 唐汇辰

古城街巷之三 唐汇辰

古城街巷之四 唐汇辰

古镇街巷 王东

古镇民居 王存颖

凤凰城江畔 万琦

凤凰城江畔局部 万琦

古城民居院落 万琦

古镇民居之二 崔晓

写生体会　万琦

古朴的小镇、别致的屋脊、悠闲的过客，无不流露着闲适与惬意，散发着淳朴、宁静的气息——这就是我印象中的湘西凤凰古城。我这些画作着意于线条本身的气质，试图通过疏密变化再现那幽静、质朴的古城印象。

今年我即将毕业，回忆起在凤凰城的采风，更觉出了老师们的一层深意，他们不仅培养了我们对艺术的敏感和绘画的技能，更让我们懂得了如何享受生命和珍惜生活，对美景的刻画只有短短几天，但刻在心灵上的记忆却是永恒的，就如这美好的年华一般，那么就借由此画来表达我对老师们的感激之情吧。

教师点评

作品描绘了民居院落的浓郁风情，速写的表达语汇丰富，线条流畅，富于变化，对比层次恰当，乡村民居建筑的质朴及体量感表现得都很充分。重点刻画部分精细突出，背景建筑处理得当，特别是院落内的陈设表现恰如其分，既活跃了画面构图，又增添了画面情趣。尤为突出的是该同学用了线描和轮廓两种方法表现树木的枝干和树冠，自然生动。

凤凰城江畔之一 王冠强

凤凰城江畔之二 王冠强

凤凰城江畔之三 王冠强

古城民居 王钧

古城街巷 王钧

古城江畔 王钧

凤凰城江畔 王文博

芙蓉镇游船 王文博

古镇街巷 王文博

古镇传统建筑 王文博

写生体会 王文博

湘西给了我不一样的感受，不一样的质感，记录她的美是一种由衷的幸福和感动。或是细腻的勾勒，或是肆意的奋笔行走，每一幅作品都会让我愈加喜欢速写。这不但是我设计来源上的积累，也会成为我生命中难以忘怀的美丽印记。

速写源于生活，需要赋予感情，学习设计也同样需要我们感受生活、关注生活、记录生活。短短的五天时间很快就过去了，这次写生使我得到了一次锻炼自己绘画技能的机会，不但绘画水平得到了提高，心情也非常愉悦，可谓收获良多。

教师点评

本速写作品体现出作者较强的概括能力，明暗关系表现丰富，画面硬朗凝重，对民居建筑有自己的理解，表现出了民居的朴实厚重，画面整体感较好。不足之处是画面构图需要更好地去经营，左侧部分树木由于刻画时略显仓促，不能与右侧高大的吊脚楼取得平衡。建议在处理画面之前，要更加主观地进行增添或删减，而不是如镜子般简单反射所有的景物。

古镇民居 王文博

古城街巷之一 王延峰

写生体会 王延峰

在老师的带领下，为期五天的凤凰古城写生之行在无穷的回忆里结束了。在这几天里，我们感受到了凤凰古城建筑的古典之美，领略到了苗族阿哥、阿妹的待客热情，体会到了沱江水的激流……

闲暇的时候，我常常坐在沱江边静静地欣赏着眼前的美景，有感而发，记录成画。这一过程不仅培养了我的心性，更加深了我对建筑的认识，最可贵的是我们学会了团结互助，在提高专业水平与专业素养的同时，领悟到了生活的艰辛与乐趣，感受到了自然的美好与伟大，收获了很多在学校里无法得到的东西。

凤凰城江畔 王延峰

教师点评

这幅建筑速写的画面构图巧妙，表现风格朴实，没有多余的装饰线条，街景的建筑特点表现突出，明暗关系处理得当，层次感较好。线条简练流畅，细部刻画精细，回廊的表现虽用笔不多但毫无简单、粗略之感。表现清水墙的线条密实但并不杂乱，丰富了画面层次。一个人物的出现看似漫不经心，却使画面轻松活跃，平添了几分亲切感。不足之处是画面略显清净，在街景深处如能再增添一两组人，将远近关系和熙熙攘攘的气氛烘托出来，会更增添画面的感染力。

古城街巷之二 王延峰

古城传统建筑 王延峰

古城民居俯瞰 王延峰

古城民居院落 王延峰

古城街巷 王周佳

古镇街巷 王永光

凤凰城江畔之一 吴尚荣

凤凰城江畔之二 吴尚荣

写生体会 吴尚荣

金秋十月，在细雨绵绵的凤凰古镇，我独坐在河边的茶馆，空气中飘着浓浓的茶香，夹杂着些许泥土的气息。眺望窗外美丽的景色，古镇是那么宁静，那么秀美；街上撑着油纸伞的行人、湖中停泊的渔船，眼前的人和自然的景仿佛融在了一起，形成了一幅美丽的卷轴。我的心情也仿佛融入其中，于是我用画笔记录下了这美丽的画面。

与其说是在画速写，不如说是心灵被触动，我深深地被眼前的画面所打动，将自己激动喜悦的心情表现在画面上。这张画从局部着手，渐渐向周边铺开，我没有强调太多的笔法，用朴实的线条来表现凤凰古城朴实、宁静的气氛。

教师点评

作品描绘了湘西民居建筑的独特风格，用笔精练娴熟，明暗关系对比处理恰到好处，层次感较强。线条流畅，富于变化，疏密关系好，画面节奏感强。植物绿化轻松活跃，与建筑形成强烈的对比，使建筑物更加突出、厚重，水面刻画也很简练生动。不足之处是人物刻画雷同，相互之间没有一定的联系，没能表现出古城的生气。

凤凰城江畔之三 吴尚荣

古城民居 吴尚荣

古镇街巷之一 吴尚荣

古镇街巷之二 吴尚荣

古镇民居局部　于洁

古镇民居　于洁

古镇游船 肖川

凤凰城江畔之一 肖川

古城街巷之一　肖川

古城街巷之二　肖川

凤凰城江畔之二　肖川

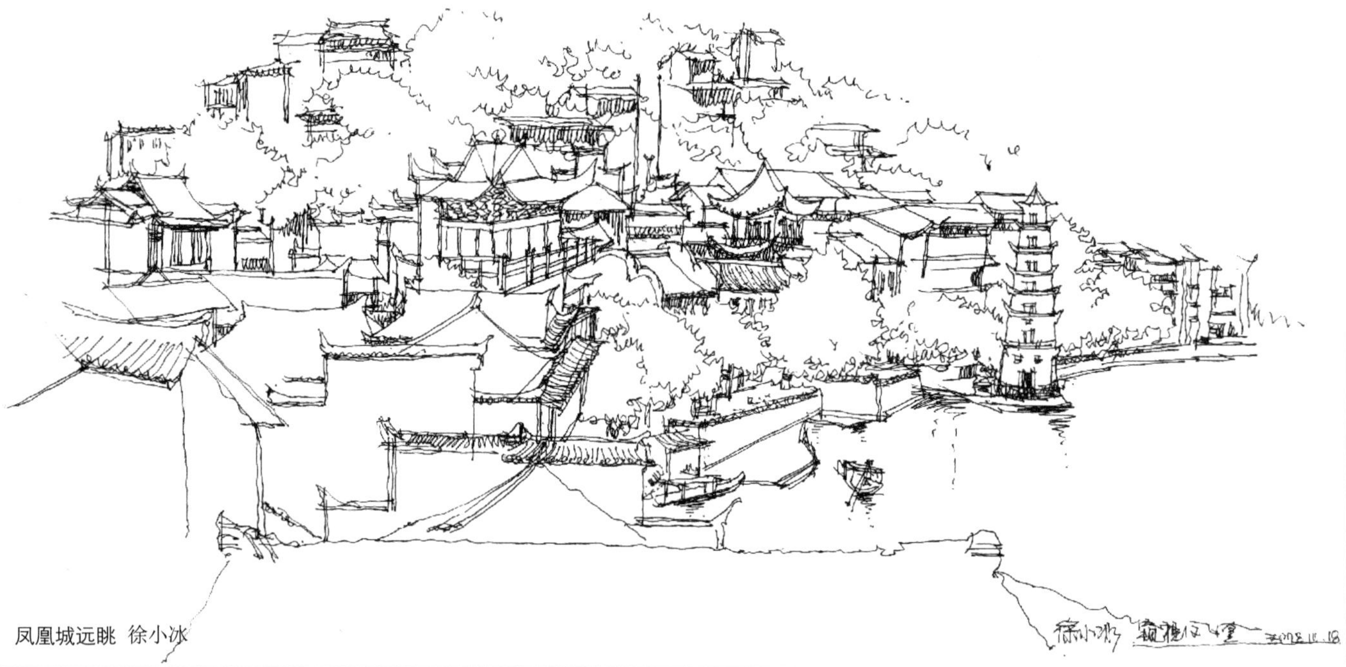

凤凰城远眺 徐小冰

写生体会 徐小冰

来到有“山水经典、诗画之源”之称的湘西凤凰城，我顿时沉浸在其中。这里的山山水水、风土人情以及浓郁的民族特色，都给我留下了深刻的印象。

我背着画板，徜徉在沱江两岸，穿越在蜿蜒的小巷。走过玉桥，细细品味着吊脚楼的壮美，在木舟上聆听苗歌的热情洋溢。情到兴起处，我就坐下来，凝神思考， 用心去感受这古朴的气息，然后一气呵成把眼前的美景画完。当时画画的时候想法也不是很多，但现在如果再想摹画一番，那种感觉却再也寻不回来了，看来这是自然赐予我的神力，如今再找不到同样的意境了。

既然我无法在那里常住，更无法将那一切带走，那么就让我把一切留在笔下和画中吧。

教师点评

作品构图丰满，细部刻画精细，用笔流畅，且具一定装饰性，表现出古镇小街的浓郁风情，生动亲切。画面明暗层次关系处理较好，虚实对比处理得当，表现技法娴熟。在处理画面天空的部分时，可加上浮云或是穿插往来的电线，目前稍显空洞。

古城街巷之一 徐小冰

古城传统建筑 徐小冰

凤凰城江畔 徐小冰

古城俯瞰 徐小冰

古城民居 徐小冰

古城街巷之二 徐小冰

古城街巷一景 徐小冰

写生体会 杨婷

心中曾无数次想象过沈从文先生笔下的湘西凤凰古城，那个“浪漫与严肃、美丽与残忍、爱与怨交缚不可分”的地方，就这样呈现在了我的眼前。在写生的过程中，我对构图取景作了深入的分析。凤凰城的景色是美好的，而要在一张纸上表现这些美不仅需要理性的认识，更需要感性的升华。在忠实于自然的同时，要把自己的主观感受渗入画面，将感兴趣的、经大脑提炼的景色表现出来，而不是面面俱到。

当然，这次写生之旅是值得怀念和回忆的，和同学们一起作画的情景，大家一起放孔明灯祈福的夜晚，一起走过的街巷和石板路……这一切的一切，都会成为我永远的美好回忆。

教师点评

画面表现疏密得当，通过石材的体块关系，表现阶梯的层层递进，使观者有一种拾级而上、一探究竟的向往。但就画面构图而言有呆板之感，这是中心对称构图的缺陷。然而作者着力将右侧牌匾挤入画面，使致密的构图得到喘息，相对弥补了这种单调。总体而言，画面线条略多，部分前景没有留出空间，略显沉闷。

古城街巷 杨婷

凤凰城江畔　杨婷

宏村民居　杨婷

古城江畔之一 伊昕

古城江畔之二 伊昕

凤凰城江畔一景 杨立新

古城民居 叶婷婷

苗寨民居 于宜农

古镇民居局部 于宜农

古镇街巷 于宜农

苗寨民居 孙明梁

苗寨街巷 孙明梁

古镇民居 张锦生

古镇街巷之一 张锦生

古镇街巷之二 张锦生

写生体会 张锦生

获悉自己的作业被收录在书中，很高兴也很欣慰，高兴的是能得到老师的肯定和认可，欣慰的是自己取得了成果，并且将会坚持下去。

这些速写是我们到湘西凤凰城采风时画的，其目的是反映湘西的建筑风格和当地所特有的民族风情。这是一个古朴的城镇，生活着朴实无华的居民，有充满诗情画意的景色。在凤凰城，我们感受到了古老的湘西文化，体会到了苗寨风情。在写生的过程中，怀着一颗触动的心，用画笔记录着凤凰城的一点一滴。古城的每一条街巷，都渗透着这座城镇的历史文脉。短短的几天时间内，我们在这里体会到了浓浓的异域风情。在被感染的同时，更记录下了这一草一木，以留下永久的回忆。

教师点评

该同学的作品画面线条轻松、随意，举重若轻，通过线条的疏密安排，分出前景、背景，将人们的视觉焦点引入画面深处。对于人物的刻画寥寥几笔却颇为传神，闲适的心态跃然纸上。

古镇街巷之三 张锦生

凤凰城江畔 张锦生

古镇民居之一 于震

古镇街巷 余刚毅

古镇民居之二 郑恰

写生体会 张越成

速写是所有绘画艺术表现形式最基本的、也是不可缺少的技能。在画面严谨的前提下，我们要做的就是思考，思考画面需要什么。不是所有在眼前的东西都要展现在画面中，美与不美就在自己的取舍之间。删去不需要的东西，留下该保存的东西，画面就有会有一个质的飞跃。

其后该做的就是简单而又必要的调整。调整不是烦琐的涂改，更不是画笔的重叠。什么是画龙点睛？什么是画蛇添足？就在这里体现。一处关键的雕琢能让你的作品在顷刻之间焕发光彩。

画速写时，要相信自己的第一感觉，画下该画的东西。自然总是最美的。

古镇街巷之一 张越成

教师点评

对于古城滨水建筑，从鸟瞰的角度看过去，其瓦片坡顶就会以一种鳞次栉比的肌理入画。本作品画面处理疏密有致，通过调子的渲染，画面的中心位置得到了强化，其他部分均以白描形式勾勒。背景山峦的处理非常放松，既收住轮廓，又将视线带到一种缥缈的境界。

古镇街巷之二 张越成

山村古镇 张越成

凤凰城民居之一 张越成

凤凰城民居之二 张越成

芙蓉镇远眺 张越成

芙蓉镇民居 张越成

古镇民居 张越成

古城民居 周元琦

凤凰城江畔 周元琦

现代都市采风

天津小洋楼 张越成

都市街景之一 张越成

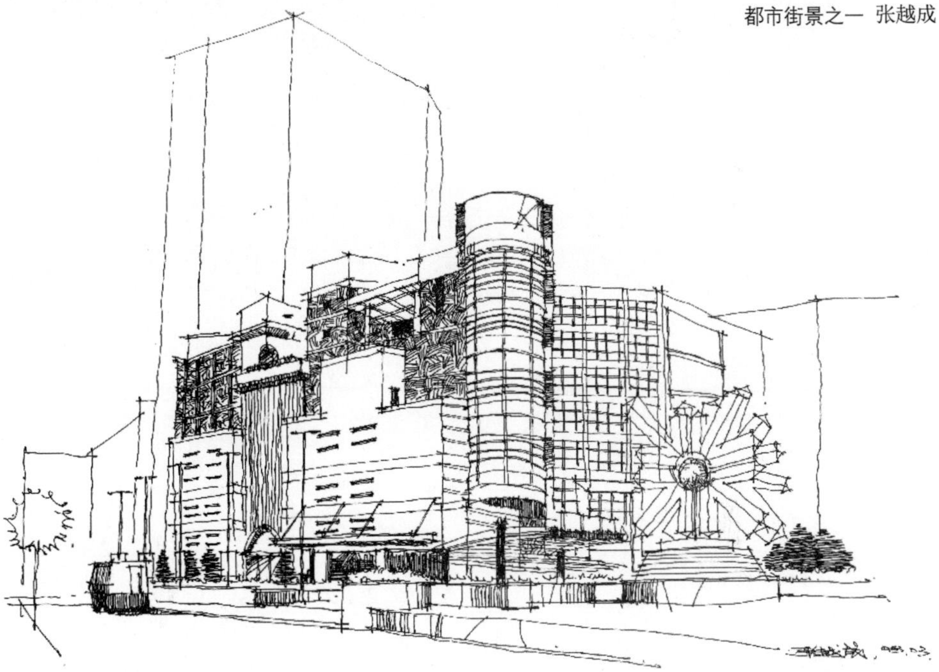

都市街景之二 张越成

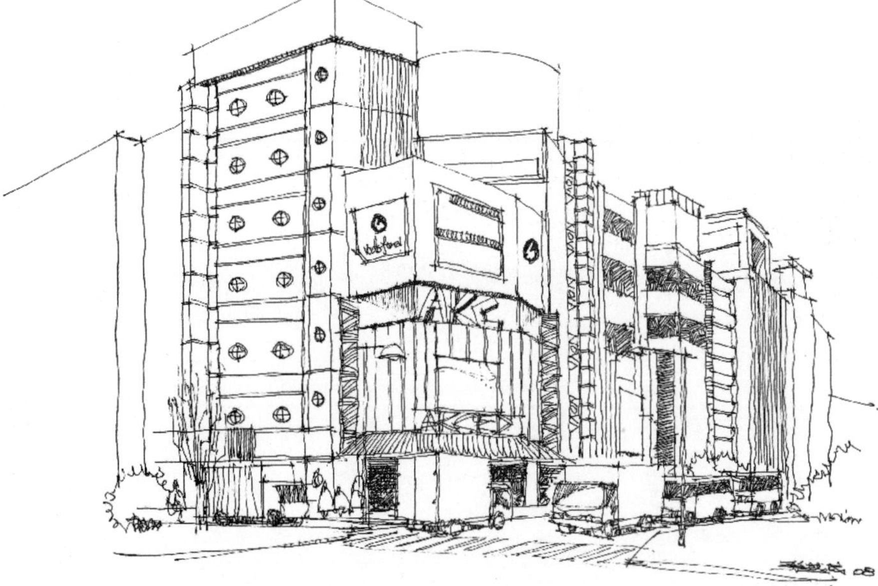

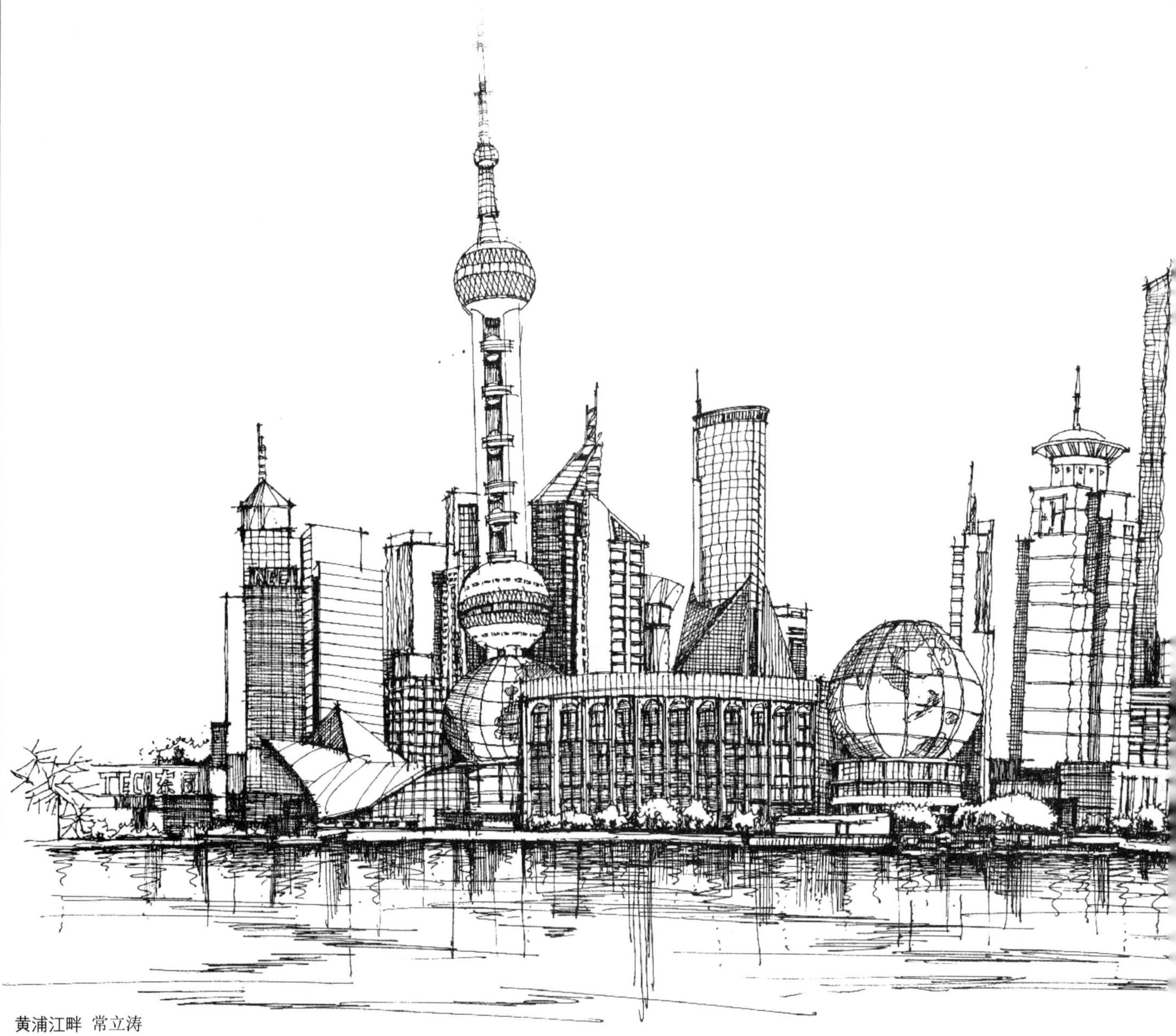

黄浦江畔 常立涛

都市俯瞰 陈秋来

都市老建筑 白明川

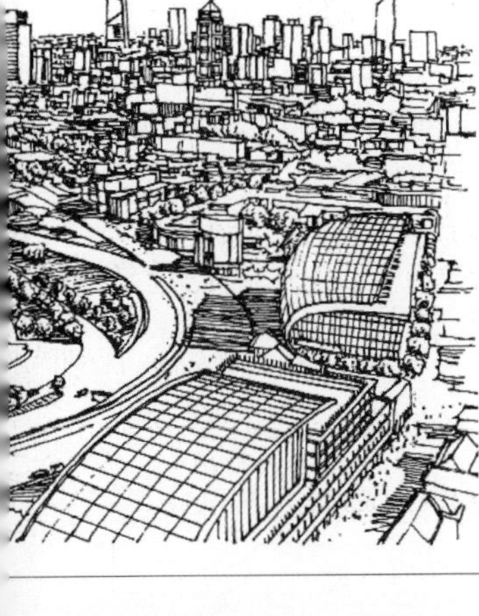

休闲广场 陈超

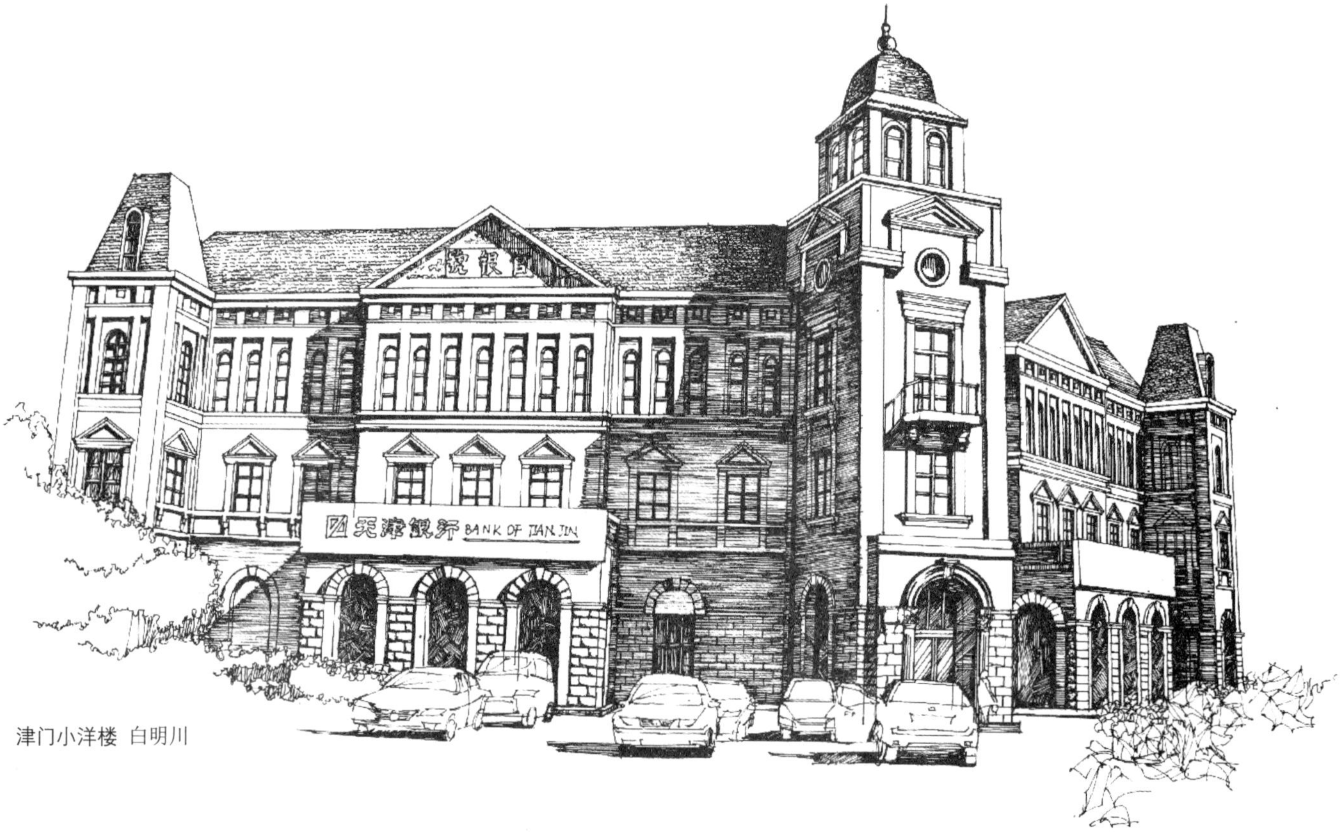

津门小洋楼 白明川

天津西开教堂 田帅

天津老教堂 田帅

天津意式风情街钟楼 田帅

天津金融老街 古艳美

青岛老教堂 曹溶萱

都市街景速写 高榕

天津小洋楼 古艳美

教师点评

《天津小洋楼之一》以线描为主要表现方式，线条把握得缓急得当，很好地展现了弧形立面建筑的体量感。整体风格清新自然，秀丽、端庄的建筑形象跃然纸上，在构图上考虑到前景、中景和背景的层次关系，使建筑有景可依。不足之处在于人、车比例失当，车辆显得过大。另外，前景和背景中的人物其头部高度应该相当，要都接近于视平线。

《天津小洋楼之二》很好地展现了建筑与景观之间的依存关系，植物对于建筑映衬得当，并不抢夺建筑之主体位置。前景的汽车以开放的轮廓为画面收边，显得轻松自如。不足之处是人物表现过于简单，不能在画面中起到画龙点睛的作用。

天津小洋楼之一 段怡雯

天津小洋楼之二 段怡雯

天津小洋楼之三 段怡雯

天津小洋楼之四 段怡雯

都市街景 段怡雯

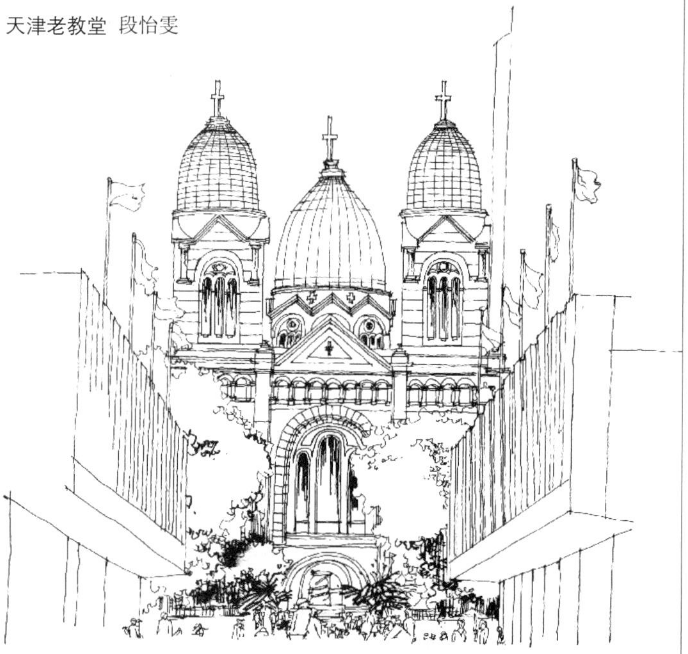
天津老教堂 段怡雯

天津小洋楼之五 段怡雯

写生体会 段怡雯

此次的写生作品多半是天津本市的欧式老建筑。这些保存下来的建筑历史悠久，具有浓郁的异国风情，那些精致的构件和优美的外形都为今后的环境设计提供了良好的素材资料。

为体现欧式建筑“厚重”的分量感，我将线条整体处理偏向于“拙”的感觉，再经过繁简疏密的变化手法，体现出建筑浑厚的形象特征和韵律之美，使画面效果不再单调、呆板。在画面主体上突出建筑形象，有意识地弱化周边景物，成为丰富整体画面的手段之一。

完成这一系列的欧式老建筑速写之后，我对欧式古典建筑有了全新的认识，不再局限于表面化的肤浅理解，而对其建筑结构的转折、装饰雕塑、疏密变化等细节处理有了深入的了解，充分提升了自己在这方面的感悟能力。

教师点评

《天津小洋楼之六》这幅作品构图精彩，塔楼的位置居中偏右，处于黄金分割位置，能够很好地展现精彩的视觉中心，使画面充实、耐看。线条运用合理，除以少量的阴影增强建筑的立体感之外，该作品只用线描组织画面，线条考究，如铁笔勾成，毫不含糊。在建筑立面的绘制和线条组织上取舍明确，上、下部分简要勾勒，中段详细展示出哥特式建筑丰富的立面装饰。圆形钟及弧形窗打破了直线条的呆板，是画面的点睛之笔。

天津小洋楼之六 段怡雯

天津小洋楼之七 段怡雯

都市街景之一 韩晓敏

都市街景之二 高君凤

社区景观 刘涛

天津小洋楼 李启凡

都市街景之三 何嘉莹

社区景观之一 李春静

社区景观之二 李春静

天津老教堂 刘昊明

天津小洋楼 刘昊明

都市街景之一 刘雅星

建筑入口之一 刘雅星

都市街景之二 刘雅星

建筑入口之二 刘雅星

天津小洋楼 任奕林

都市街景之一 王超

城市水道 马晨

建筑外观 王超

写生体会

都市街景之二 马晨

都市街景之一 宋鹏

津门老建筑 宋鹏

北京天坛祈年殿 徐小冰

都市街景之二 宋鹏

都市建筑工地之一 唐义涛

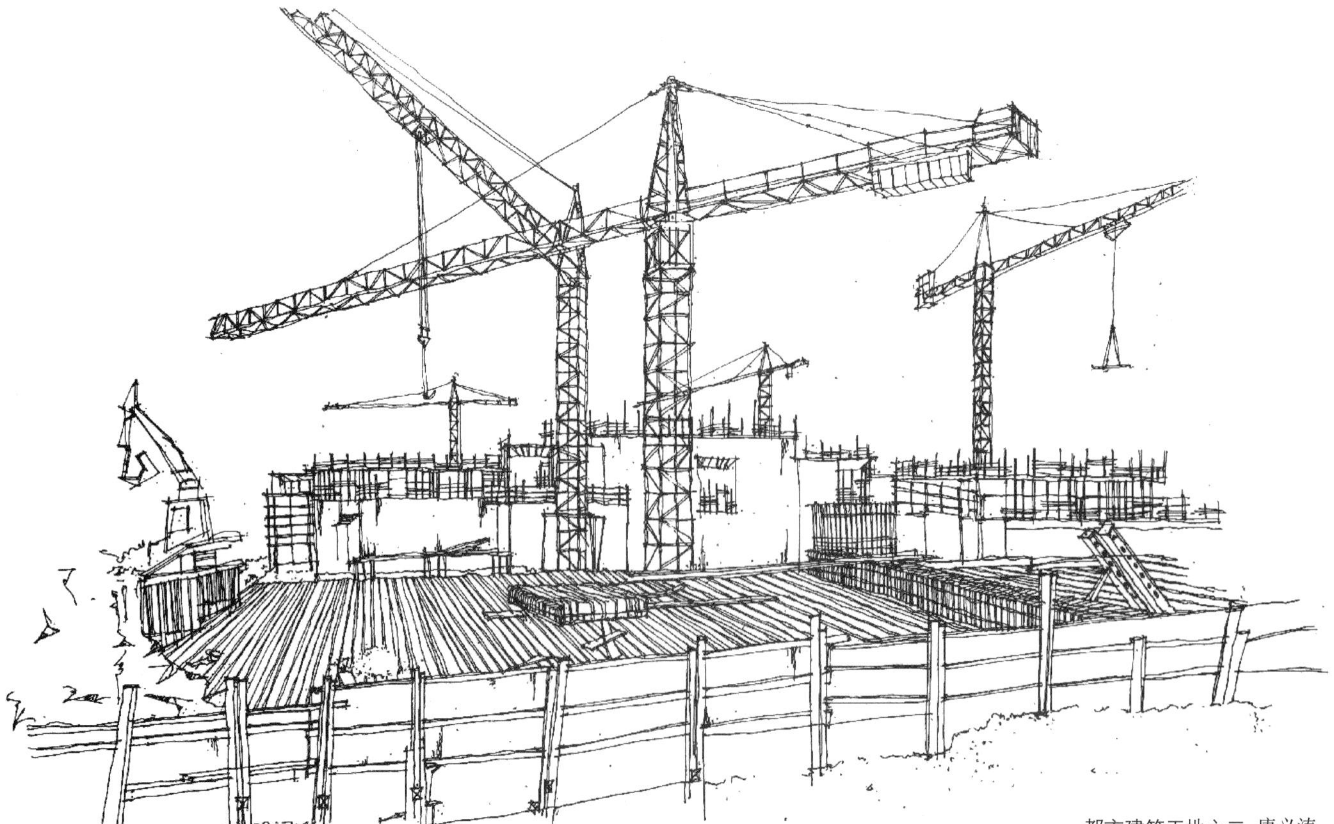

都市建筑工地之二 唐义涛

社区景观之一 肖川

社区景观之二 王冠强

都市街景之一 万琦

都市街景之二 万琦

天津老教堂 万琦

天津小洋楼之一 万琦

天津小洋楼之二 万琦

郊外别墅之一 任砚

社区景观局部 吴尚荣

城市老街 沈宗跃

郊外别墅之二 吴尚荣

都市街景之一 田艳美

都市街景之二 田艳美

都市街景之三 明轩

天津小洋楼 刘静

写生体会 张静

说起实地写生，美术院校的学生一点也不陌生，那种支起画夹对景描画，一坐一天的经历，谁都有过。进行建筑写生，光摹写照抄显然是不够的，观察与体悟的功夫也必须到家，只有这样，才有可能把自己的笔端练得随心所欲。

“写生”未必得出游他乡，我们身边的城市和生活就是很好的素材。天津被誉为“万国建筑博物馆”，游历于我们熟悉的场景中，随笔描画和记忆也显得十分方便和有趣，并能在我们熟悉的城市建筑里读到历史的积淀和沧桑。

这几幅作品是我在天津街头的写生作业，不论是历史风貌建筑，还是现代的钢筋混凝土加玻璃幕墙的“盒子”，无不流露着对这座历史古城和现代都市的热爱和情愫。描绘它们，除了积累素材，同时也锻炼了自己快速表达、细致观察、独立思考的能力。

教师点评

此教堂为天津望海楼，是哥特式建筑风格，浑厚如堡垒的建筑立面使其有一种内向性的坚固。就构图而言，主立面选择在黄金分割位置上，通过两个侧面的表现，很好地突出了建筑的体量感；就线条组织而言，上部刻画细腻，下部放松，能够将欣赏者的视觉焦点引向建筑的最高处。不足之处是前景树木的处理稍显随意。

天津老教堂 张静

天津周邓纪念馆 张静

都市街景之一 张静

都市街景之二 张静

教师点评

《都市街景之二》反映出了现代大都市的建筑特征。高低错落的造型、大小不同的玻璃幕分隔，形成了画面的肌理效果。这种肌理通过一点透视的方式，统观了画面，具有一种现代装饰意味。画面上入口树木的掩映与背景建筑的衬托，使得主体建筑零而不碎，立体感十足。画面不足之处在于车辆的取舍不精，雷同者较多，希望在生活中多观察，才能有所收获。

天津意式风情街之一 张静

天津五大道老建筑 张静

都市街景之三 张静

天津意式风情街之二 张静

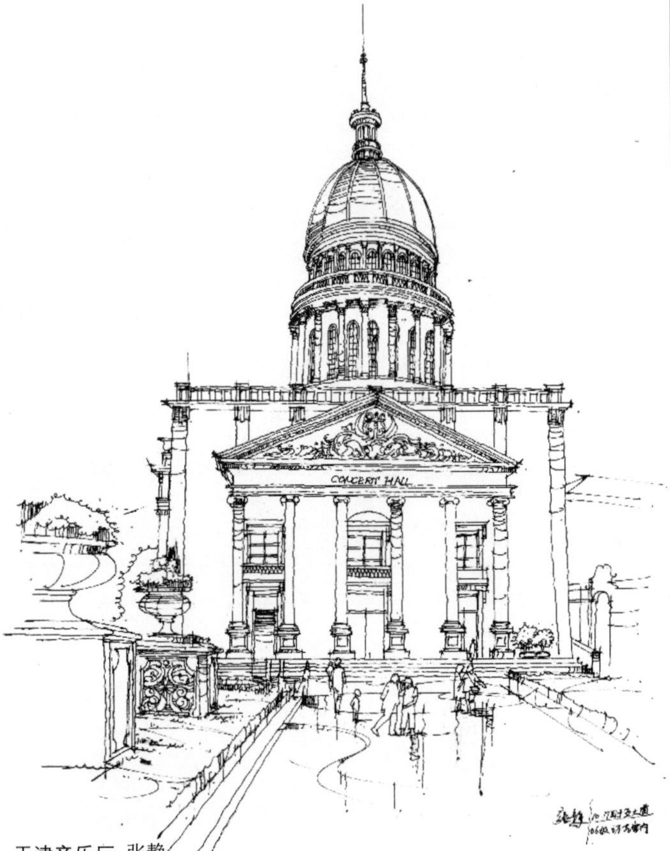

天津音乐厅 张静

天津意式风情街之三 张静

天津小洋楼之一 张静

天津小洋楼之二 张静

都市街景之四 张静

天津小洋楼之三 张静

天津小洋楼之四 张静

天津小洋楼之五 张静

天津意式风情街之四 张静

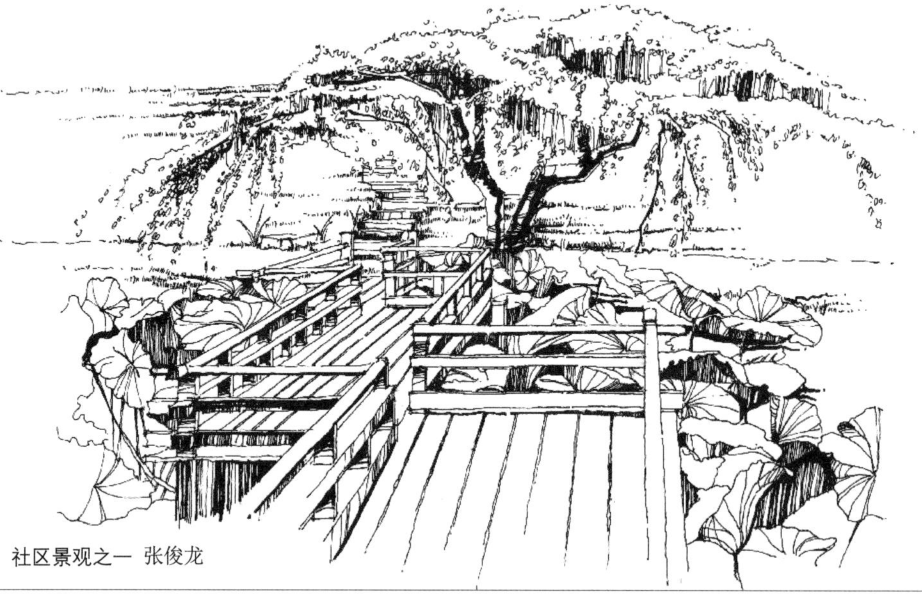

社区景观之一 张俊龙

社区景观之二 张俊龙

社区景观之三 郑晓坤

都市街景之一 张俊龙

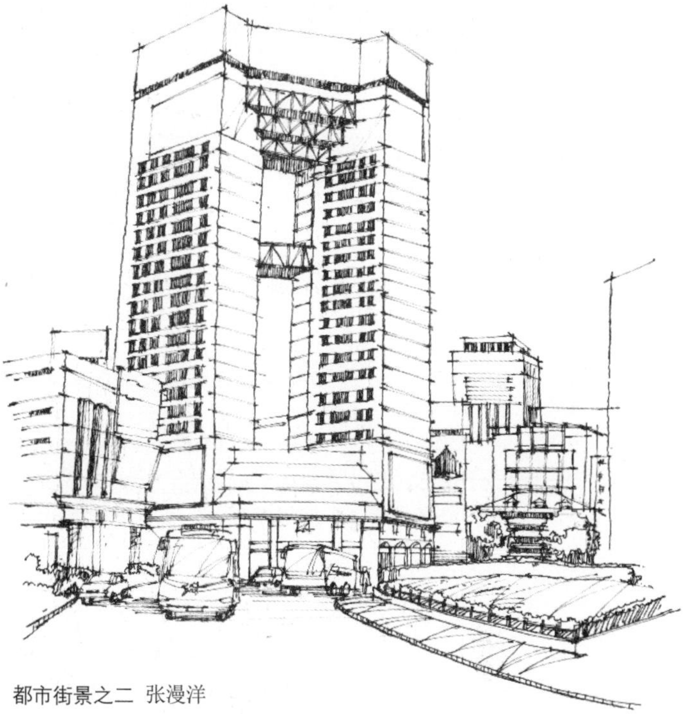

都市街景之二 张漫洋

天津五大道老建筑 张漫洋

都市街景之三 齐南艳

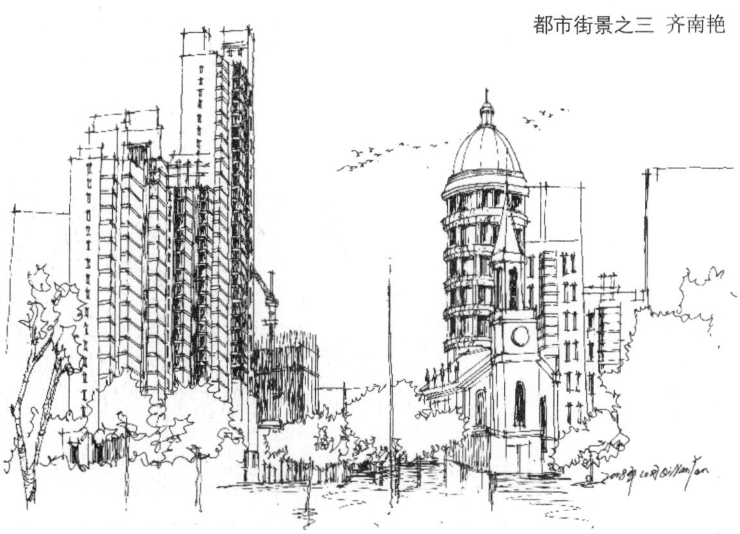

欧洲古典建筑

写生体会 彭奕雄

暑假的时候，我有机会成为背包一族，完成了英伦艺术采风之旅。当我流连于英国的城市间时，感觉英国某些城市几乎就是现代建筑发展史的缩影，令我更为感叹的是，记录着城市年轮的历史建筑均完好地保存了下来，展现了那醇厚的英伦文化积淀。当传统建筑和现代建筑形成强烈的对比时，不但能够让我们触摸那真切的历史肌理，也让当下在这光影流离中的心境多了一份沉静。

无论是谁在这些沧桑的建筑面前，都能被其历史感所深深震撼，而那种精雕细琢、巧夺天工的建筑装饰更是令人赞叹。为此，有些人用手中的相机将其记录下来，也有些人用文字描述它给人的感受，而我则选择用线条来描绘这些建筑、记录它的历史、留存我的思情。

在每一笔的勾勒、叠加中，这些伟岸的建筑、精妙的构件慢慢在我面前的图画中显现。每一幅作品的描绘就是一次记录于心的旅程，这种体验实在是耐人回味……

教师点评

约克教堂通过骨架圈很好地向人们展示了力的传导过程，其下的立面以装饰丰富的玫瑰窗汇聚出视觉重心。作品选取仰视的角度，很好地体现了主体建筑的宏伟气势，与之形成对比的是体量较小的成排座椅，反衬出空间慑人的恢弘。画面细节的刻画需要极强的耐心，近景尖拱廊以及下部束柱的处理看似画面的收尾却毫不含糊，每一笔都交待得严谨工整，体现了作者把控画面的控制能力。就线条运用而言，完全以勾线方式表现空间体量，疏密组织上有个人见解，取得了整体与细部的完美平衡。

英国约克大教堂内景 彭奕雄

英国约克大教堂 彭奕雄

伦敦泰晤士河沿岸建筑 彭奕雄

切斯特传统建筑 彭奕雄

英国传统民居之一 彭奕雄

英国传统民居之二 彭奕雄

欧洲古典建筑局部 刘雅星

欧洲教堂 李漫漫

意大利圣彼得大教堂 李倩

欧洲古典建筑 韩精晨

欧洲教堂之一 马天

欧洲教堂之二 刘娇

欧洲教堂之三 齐维

法国圣心教堂 刘涛

欧洲教堂之四 马廷超

欧洲城市一景 王钧

欧洲古堡之一 曹溶萱

欧洲古堡之二 白明川

欧洲教堂 杜凯

欧式别墅 吴建中

法国卢浮宫 王永光

欧洲教堂 余阿娜

欧洲城市街景 张浩

欧洲古典建筑局部 宋芯遥

欧式建筑局部 张俊龙

欧洲教堂局部 张俊龙

欧式建筑局部之一 杨添榜

欧式建筑局部之二 杨添榜

欧洲城市广场 唐汇辰

欧洲城市一景 沈宗庆

欧洲乡村一景 王一茗

欧洲古堡 王一茗

建筑色彩表现

古镇街巷之一 陈天天

古镇街巷之二 陈天天

写生体会 陈天天

我所展现的是凤凰古城的建筑风貌和街巷风情，采用钢笔淡彩的表现手法，在表现的角度上力图打破以往的建筑写生形式，力求通过画面来叙事，以此烘托和发掘建筑内在的生命力。

谈到速写的过程，刚开始原本是一次针对古城民居建筑的实地考察，然而在考察过程中其特有的地域环境和人文习俗深深地吸引了我，使我萌发了迫切表达的冲动，随后即兴挥笔，便有了今天这些不成熟的作品。作品中所展现的都源于自己的所见所感，街道的一砖一瓦，风化的老屋脊和在这里生活的人们都展现着生生不息的美，这种美引人注目，耐人回味……

教师点评

速写作品运笔自由流畅，从生动活泼的线条看得出作者掌握技法的熟练程度，表现出一定的自信心和对画面的把控能力。

《古镇街巷之一》采取仰视的构图，画面以毛石阶梯为中心，将观者的视觉引向深远的小巷消失处，似有一种神秘之感，很好地体现了当地建筑与街巷的特色。《古镇街巷之二》构图略显单调，地面部分碎石铺装交代得不够清楚。

芙蓉镇民居之一 何湘宁

写生体会 何湘宁

在湘西凤凰城的日子里，我们每天的任务就是考察、绘画，在画画的过程中，我用心、用情勾勒每一笔，把自己的观察、对大自然的钟爱融入到作品当中。同时，这次写生对我们每个人来说都是一次向别人学习的难得机会，我们经常在一起切磋绘画技巧。一天结束时，我们把所有的作品汇总在一起，大家相互欣赏，相互评论。在这期间，我收获很大，意识到自己不足的同时，也看到了其他同学的优秀之处。我们每个人都受到了很大的鼓舞，作画水平也得到了整体提高。

凤凰城古色古香的建筑和历经沧桑的沱江两岸展现出无尽的韵味，因而我的这批习作选择了带有古旧色彩的黄色纸张，希望借助我的作品能让跟多的人了解湘西，感受凤凰城……

凤凰城民居之一 何湘宁

教师点评

《芙蓉镇民居之二》和《芙蓉镇民居之三》两幅作品以近似工笔白描的方式，细心勾勒出古老的街巷。线条粗细变化游刃有余，调子的表现也很有个人风格，类似衣服褶皱的处理，将残破的墙壁生动地展现出来。运笔以曲线为主，对于建筑处理有主观的取舍，构图上也着力凸显街巷的深邃。比较而言，《芙蓉镇民居之三》的笔调更为放松，构图左右对比疏密有致，不像《芙蓉镇民居之二》的密不透风，能够看出绘画者此时已经渐入佳境。纯熟的技巧受到环境的感染，有感而发，画面更多的是一种自然的流露，而非闭门描摹可以雕琢的。

芙蓉镇民居之二 何湘宁

芙蓉镇民居之三 何湘宁

凤凰城民居之二 何湘宁

苗寨民居之二 何湘宁

苗寨民居之一 何湘宁

古镇民居之一 康颖

古镇民居屋顶造型之一 康颖

古镇民居屋顶造型之二 康颖

写生体会 康颖

这批作品写生于2008年10月的湘西古城，可能是我一直生活在北方的原因，一来到江南就为这里的温润所感动，而这也正是我在画面中所尽力传达的东西。我的作品采用了干湿结合的技法，先用钢笔勾画轮廓，再在画面上均匀喷水，使钢笔的墨迹“吃入”纸中。待画面略干后，或将墨水兑入喷壶喷出水汽淋漓的雨后天空，或用浅淡的水彩大笔刷出古镇老街的沧桑，甚至用金色丙烯给古镇的屋檐洒满夕阳的恩赐。

教师点评

该同学的作品有一种国画味道，写意大于写形，对于景物的主观理解和把握，更多的是以一种如梦似幻的手法，将建筑的意境表现出来，独树一帜。纸上的点染和肌理增加了南方建筑和环境中“水”的味道，一种烟雨朦胧、飘飘洒洒的气息扑面而来。看似歪歪扭扭的巷子，却别具一格。画面重点突出，如《古镇民居屋顶造型》的封火山墙，《古镇街巷》的粉墙碎瓦，画面灵动，疏密有致，体现出绘画者对于画面的控制能力。

古镇街巷之一 康颖

古镇街巷之二 康颖

古镇民居之二 康颖

古镇民居之三 康颖

古镇街巷 吴尚荣

古镇景观 吴尚荣

欧洲古典建筑　韩精灵

欧式古典建筑　唐汇民

永定土楼 阙志红

安顺民居 张炫

凤凰城街巷 李嘉建

欧洲传统建筑 张浩

欧洲城市景观之一 张浩

古镇民居门前 王子涵

亚洲传统建筑 张浩

古镇远眺 于宜农

欧洲城市景观之二 张浩

凤凰城民居之一 张越成

凤凰城民居之二 张越成

凤凰城民居之三 张越成

凤凰城民居之四 张越成